Manuel López Mateos

Matemáticas Exani iii
Aprendo con el simulacro

López Mateos editores

2016

Primera edición, 2016
©2016 López Mateos Editores, s.a. de c.v.
 Camino al Seminario 78
 Tercera Sección
 San Pablo Etla, Oaxaca
 C.P. 68258
 México

ISBN-13: 978-1530511310
ISBN-10: 1530511313

Información para catalogación bibliográfica:
 López Mateos, Manuel.
 Matemáticas Exani III, aprendo con el simulacro / Manuel López Mateos — 1a ed.
 vi–31 p. cm.
 ISBN-13: 978-1530511310
1. Matemáticas 2. Resolución de problemas 3. Ceneval 4. Exani III 5. Lógica 6. Combina-
toria 8. Números y operaciones I. López Mateos, Manuel, 1945- II. Título.

Producido en México
Printed by CreateSpace

www.lopez-mateos.com
ISBN-13: 978-1530511310
ISBN-10: 1530511313

Índice general

Introducción

El Examen Nacional de Ingreso al Posgrado (EXANI-III) es un instrumento creado por el Centro Nacional de Evaluación para la Educación Superior (Ceneval), utilizado en procesos de admisión de aspirantes a cursar estudios de especialidad, maestría o doctorado en la República Mexicana[1].

Aunque las matemáticas requeridas en el Exani-III son las que cualquier profesionista debería saber, es decir, las debería dominar cualquier egresado de una licenciatura, cualquiera que ésta sea, sucede que no es así. Multitud de personas van eligiendo su camino académico esquivando las matemáticas, terminan su licenciatura y ¡oh sorpresa! para entrar al posgrado se exige que dominen todo aquello que han tratado de olvidar.

Capacitarse para hacer un buen papel en las matemáticas exigidas no es difícil, se requieren dos cosas, la primera es de carácter técnico: hay que manejar las operaciones elementales, es decir la suma, resta, multiplicación y división de enteros, quebrados y decimales, y la segunda es de actitud: abrir la mente, darse a entender y entender al otro, escuchar la crítica y saber opinar de manera crítica. Con estas dos condiciones estaremos en capacidad de comprender lo que significa resolver un problema. Ahora bien, hay una tercera condición, como en toda actividad, para dominarla hay que practicar.

En este folleto resolvemos los problemas propuestos por el Ceneval como simulacro del Exani III presentando así un abanico de métodos que cubren buena parte del material requerido.

¿Qué significa resolver un problema? Según GEORGE PÓLYA, "resolver un problema significa hallar una manera de superar una dificultad, o

---

[1] *Guía del examen nacional de ingreso al posgrado 2016* (EXANI-III). 13a edición. México. Ceneval, 2015. p. 5.

rodear un obstáculo, para lograr un objetivo que no podía obtenerse de inmediato"[2] [Poly81].

¿Cómo resolver problemas? En su popular obra *How to Solve it* (Cómo resolverlo) [Poly45], George Pólya propone un método, llamado *de los cuatro pasos* de Pólya para resolver problemas:

1. **Comprender el problema**: ¿Qué nos están preguntando?, ¿Cuál es la incógnita? ¿A qué pregunta debemos responder? ¿Podemos expresar el problema con nuestras propias palabras?

2. **Trazar un plan**: Escoger una estrategia, hay multitud: Buscar un patrón, resolver una ecuación, trazar un diagrama, hacer una tabla o una lista, analizar un caso más sencillo, hacer un modelo algebraico, proponer y rectificar (*ir atinándole*), o alguna otra.

3. **Llevar a cabo el plan**: Una vez decidida la estrategia hay que realizarla, que llevarla a cabo, es importante actuar conforme lo hayamos planeado.

4. **Revisar el resultado**: ¿Seguimos el plan, realizamos bien las cuentas?, ¿La respuesta es sensata, cumple todas las condiciones solicitadas?, ¿No hay otros resultados posibles?, ¿El método de solución se aplica a otros casos parecidos o más generales?

Hay muchas recomendaciones a partir de los famosos cuatro pasos. Una recopilación importante la pueden encontrar en [Bill12, p. 4][3].

La obra de Pólya *How to Solve It* (Cómo resolverlo), con el título *Cómo plantear y resolver problemas* [Poly89] fue publicada en México por la Editorial Trillas en 1989.

M. L. M.
Marzo de 2016

---

[2]   Pólya, G. *Mathematical Discovery, Combined Edition*. New York. John Wiley & Sons, Inc., 1981. p. IX

[3]   Billstein, R. Shlomo, L., Lott, J. W. *MATEMÁTICAS: Un enfoque de resolución de problemas para maestros de educación básica*. México. López Mateos Editores, 2012. p. 4.

1   Una señora

Una señora tiene 5 hijas. Las hijas tienen 4 hijas y, a su vez, cada una tiene 3 hijos. ¿Cuántos son en la familia?

SOLUCIÓN. Los miembros de la familia son: la señora, sus 5 hijas, las nietas y los bisnietos; ahora bien, cada una de las 5 hijas tiene 4 hijas, es decir que son $5 \times 4 = 20$ las nietas de la señora. Cada nieta tiene 3 hijos luego la señora tiene $20 \times 3 = 60$ bisnietos. La suma es:

1	señora
5	hijas
20	nietas
60	bisnietos
Total 86	miembros de la familia

Se trata de un problema de multiplicación y suma.

Tenemos a la señora y sabemos que tiene 5 hijas, hasta aquí tenemos 6 miembros de la familia (sumamos $1 + 5$).

Pero cada hija tiene a su vez 4 hijas, que son las nietas de la señora. ¿Cuántas nietas tiene la señora?

Si son 5 hijas y cada una tiene 4, la señora tiene $5 \times 4 = 20$ nietas.

Tenemos hasta ahora a la señora, sus 5 hijas y sus 20 nietas, es decir a 26 miembros de la familia (sumamos $1 + 5 + 20$).

Según nos dice el problema, cada nieta tiene 3 hijos, es decir la señora tiene $20 \times 3 = 60$ bisnietos.

Así el total de los miembros de la familia son la suma de la señora, las hijas, las nietas y los bisnietos, es decir $1 + 5 + 20 + 60$, lo cual es igual a 86 miembros de la familia.

☺

2   Un grupo

Un grupo de 20 alumnos acordó hacer una colecta de dinero en donde cada uno iba a conseguir $100. En la fecha establecida, sólo 18 aportaron su parte. ¿Cuánto dinero deberán aportar adicionalmente los 18 alumnos para juntar el monto que hubieran obtenido los 20 alumnos?

SOLUCIÓN. Hay 20 alumnos y cada uno conseguiría $100, con lo cual la colecta sería de $2000. Sólo 18 aportaron su parte, es decir que sólo juntaron $1800. Faltaron $200 para lograr los dos mil pesos. Si se quiere completar la suma originalmente propuesta, entre los 18 alumnos habrán de juntar $200, por lo tanto hay que dividir $200 entre los 18 alumnos,

$$\frac{200}{18} = 11.1111\ldots = 11.\overline{11}.$$

El grupo de 20 alumnos hará una colecta, cada uno conseguirá 100 pesos. Significa que los 20 alumnos pretenden juntar 20×100 pesos, es decir dos mil pesos.

Sólo 18 consiguieron su parte, es decir juntaron 18×100 pesos, es decir juntaron mil ochocientos pesos.

Si tienen 1800 pesos y se proponían juntar 2000, ¿cuánto falta? Claramente faltan $2000 - 1800 = 200$ pesos.

Esos doscientos pesos los aportarán los 18 estudiantes, ¿cuánto debe poner cada uno? Pues doscientos entre dieciocho. Si realizamos la operación con una calculadora veremos que el resultado es 11.1111111. En realidad son las cifras que vemos en la calculadora, pero la división no termina, cada vez colocamos un 1 en el cociente, al multiplicarlo por 18 y restarlo de 20 nos da un residuo de 2, bajamos el cero y de nuevo tenemos 20 entre 18. Eso se escribe 11.1111... y se abrevia $11.\overline{11}$, es un decimal con periodo 11.

☺

3   El promedio

El promedio de Juan en 4 exámenes de matemáticas, en una escala de 10 a 100, es 80. ¿Qué calificación deberá obtener en su siguiente examen para incrementar su promedio en 3 puntos?

SOLUCIÓN. El promedio de Juan en cuatro exámenes es la suma de cuatro calificaciones dividida entre 4, sabemos que es 80,

$$\frac{c_1 + c_2 + c_3 + c_4}{4} = 80.$$

Es decir que la suma de las cuatro calificaciones es igual a 4×80,

$$c_1 + c_2 + c_3 + c_4 = 4 \times 80.$$

Contando la calificación del examen siguiente, el quinto, Juan quiere lograr un promedio de 83, es decir que la suma de las cinco calificaciones entre 5 debe ser 83,

$$\frac{c_1 + c_2 + c_3 + c_4 + c_5}{5} = 83.$$

Pero ya sabemos la suma de las primeras cuatro, es $4 \times 80 = 320$, entonces

$$\frac{320 + c_5}{5} = 83.$$

De ahí que

$$320 + c_5 = 5 \times 83.$$

Es decir que

$$320 + c_5 = 415,$$

de donde

$$c_5 = 415 - 320,$$

y, finalmente,

$$c_5 = 95.$$

☺

4 ¿Cuál es el descuento?

¿Cuál es el descuento total que obtiene una consumidora con un cupón de descuento de 20 % en la compra de un artículo determinado que, además, está rebajado en 30 %?

SOLUCIÓN. Digamos que p es el precio original del artículo en cuestión. La rebaja del 30 % consiste en restar $0.3p$ al precio original p, el precio del artículo rebajado es $p - 0.3p$. El 20 % de descuento a ese precio será de $0.2(p - 0.3p)$, y el precio final será

$$(p - 0.3p) - 0.2(p - 0.3p) = 0.7p - 0.2p + (0.2)(0.3)p$$
$$= 0.5p + 0.06p$$
$$= 0.56p.$$

Entonces, el descuento total que obtuvo fue de $100 - 56$, es decir del 44 %.

☺

Recuerden que en [Bill12, p. 490] se define porcentaje como

$$n\,\% = \frac{n}{100}.$$

Así, el 30 % de p es

$$\frac{30}{100}p = \frac{3}{10}p = 0.3p.$$

5   Si el puente

Si el puente que aparece en el centro de esta fotografía aérea mide 0.4 cm en la fotografía y 22 m en la realidad, ¿cuál es la escala de la fotografía?

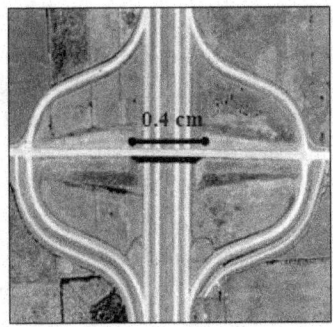

Pueden ver en [Bill12, p. 485] que las razones y proporciones se usan en los dibujos a escala. Por ejemplo, si la escala es 1 : 300 entonces la longitud de 1 cm en dicho dibujo representa 300 cm ó 3 m en tamaño real. La escala es la razón del tamaño del dibujo al tamaño del objeto.

Solución. Usamos razonamiento proporcional. Sabemos que la escala es la razón del tamaño del dibujo que es de 0.4 cm, al tamaño del objeto, que mide 22 m = 2 200 cm. Así, la escala será 0.4 : 2 200, o dividiendo ambos lados de la razón entre 0.4 obtenemos que la escala es 1 : 5 500.

☺

Otra manera de verlo, si llamamos e a la escala buscada, sabemos que si 1 : e entonces 0.4 : 0.4e, pero nos dicen que 0.4e = 2 200 pues 22 m = 2 200 cm, de donde

$$e = \frac{2\,200}{0.4} = 5\,500.$$

6   Si Juan tiene

Si Juan tiene el doble de edad que Pedro y entre ambos acumulan 54 años, ¿cómo se determina la edad de ambos?

SOLUCIÓN. Noten que nos preguntan *cómo* se determina la edad, *no* nos piden que la calculemos. Nos conviene usar el lenguaje algebraico. Llamemos j a la edad de Juan y p a la edad de Pedro.

El enunciado del problema comienza diciendo que Juan tiene el doble de la edad de Pedro, es decir que la edad de Juan es el doble de la edad de Pedro. La afirmación anterior se escribe como $j = 2p$. Además se afirma que entre ambos acumulan 54 años, es decir que la suma de sus edades es 54, lo escribimos como $j + p = 54$.

El problema lo hemos representado con un par de ecuaciones, es decir, hemos *modelado* el problema con el sistema de ecuaciones:

$$j = 2p$$
$$j + p = 54.$$

Substituimos el valor de j expresado en la primera ecuación, en la segunda y obtenemos

$$2p + p = 54$$

donde p es la edad de Pedro.

Debido a la propiedad conmutativa de la suma la expresión se puede escribir $p + 2p = 54$ y como estamos usando el lenguaje algebraico, podemos substituir el nombre de la incógnita por cualquier otra letra, digamos x, quedando $x + 2x = 54$, donde x es la edad de Pedro.

☺

Podemos continuar y hallar las edades en cuestión, tenemos

$$2p + p = 54$$

es decir

$$3p = 54.$$

Dividiendo ambos lados de la ecuación entre 3,

$$p = \frac{54}{3}$$

y concluimos que

$$p = 18.$$

Substituimos es valor hallado de p en la primera ecuación $j = 2p$ y tenemos que $j = 2 \times 18$. Es decir $j = 36$.

Aunque no fue la pregunta, vemos que la edad de Juan es de 36 y la de Pedro es 18.

Verificamos que nuestro resultado cumpla las condiciones del problema: en efecto, 36 es el doble de 18 y la suma de las dos edades es 54.

7   El área de un círculo

El área de un círculo de radio r es igual al área de un rectángulo de altura a. ¿Cuál es la base del rectángulo?

SOLUCIÓN. Tenemos dos figuras geométricas, un círculo y un rectángulo. Sabemos que el círculo tiene radio r, que el rectángulo tiene altura a y que el área de las dos figuras es igual.

Llamemos A_c al área del círculo y A_r al área del rectángulo. Se supone que esas áreas son iguales, es decir que $A_c = A_r$.

El área del círculo es $A_c = \pi r^2$ y la del rectángulo es base por altura, la altura es a, llamemos a la base x de la cuál ignoramos su valor, así $A_r = xa$, que por comodidad, usando la propiedad conmutativa de la multiplicación escribimos $A_r = ax$.

De la igualdad de las áreas tenemos

$$A_c = A_r$$

es decir

$$\pi r^2 = ax,$$

dividiendo ambos lados de la ecuación entre a obtenemos

$$\frac{\pi r^2}{a} = x.$$

Es decir, el valor de la base x del rectángulo para que las dos áreas sean iguales es

$$x = \frac{\pi r^2}{a}.$$

☺

8 Raúl necesita

Raúl necesita M minutos para podar el cesped en su jardín. Si Raúl lo poda a una tasa constante, después de K minutos, ¿qué proporción del césped queda sin podar?

SOLUCIÓN. El césped del jardín de Raúl es un área de la cuál no conocemos su valor, llamémosle A. Sabemos que Raúl tarda M minutos en podar el área A.

Nos dicen que poda a una tasa constante, lo cuál significa que en tiempos iguales poda áreas iguales, lo que poda en el primer minuto es lo mismo que poda en cualquier otro minuto.

Si en M minutos Raúl poda A, en un minuto podará $\dfrac{A}{M}$ y en K minutos podará $K\dfrac{A}{M}$. ¿Cuánto queda sin podar después de K minutos? Quedará sin podar el total menos lo podado en K minutos, es decir $A - \dfrac{K}{M}A$, lo que es igual a $(1 - \dfrac{K}{M})A$.

Es decir que la parte de A que queda sin podar es

$$1 - \frac{K}{M} = \frac{M - K}{M}.$$

☺

Cabe aclarar que la pregunta se refiere a la *parte* del cesped que queda sin cortar, no a la *proporción*, pues como dice en [Bill12, p. 479], "Una proporción es una igualdad entre dos razones. Es decir, dos razones están en proporción cuando son iguales". Y en este problema nos piden el valor de una parte.

Puesto de otra manera, si tarda M minutos en podar todo y nada más ha podado durante K minutos, pues quedará sin podar lo que podaría en M – K minutos. Si en un minuto poda $\dfrac{1}{M}$ del total, en M – K minutos dejará sin podar (M – K)/M parte del total.

9   Una pensión

Una pensión de mascotas tiene solamente perros y gatos. Si p representa el número de perros y g el número de gatos, ¿qué expresión representa la parte de mascotas en la pensión que son perros?

Solución. Hay sólo perros y gatos. Hay p perros y g gatos. En total hay p + g mascotas en la tienda. En [Bill12, p. 477] nos dicen que "Las razones pueden representar comparaciones de la parte al todo", así, la razón que representa la parte de perros en el total de las mascotas es

$$\frac{p}{p+g}.$$

☺

10   ¿Qué operación?

¿Qué operación produce el resultado sombreado?

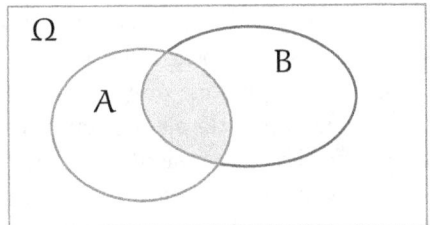

SOLUCIÓN. Las operaciones elementales entre conjuntos son el complemento, la intersección y la unión. El complemento de un conjunto A respecto a un universo Ω se denota con A^c o A' y se define como

$$A^c = \{\, x \in \Omega \mid x \notin A \,\},$$

los puntos de Ω que no están en A.

La intersección y la unión de los conjuntos A y B se denotan respectivamente con $A \cap B$ y $A \cup B$ y se definen como

La **intersección:**
$$A \cap B = \{\, x \in \Omega \mid x \in A \ \ y \ \ x \in B \,\}.$$

La **unión:**
$$A \cup B = \{\, x \in \Omega \mid x \in A \ \ o \ \ x \in B \,\}.$$

La *intersección* de dos conjuntos describe a los puntos que pertenecen a ambos conjuntos y la *unión* describe a los puntos que están en al menos uno de los dos conjuntos, así la parte sombreada está producida por la intersección $A \cap B$.

☺

11   En un salón

En un salón hay 4 asientos y 4 sustentantes. ¿Qué expresión algebraica indica el número de maneras diferentes en las que pueden sentarse?

SOLUCIÓN. Tenemos 4 asientos y 4 personas. Al comenzar todas las personas están de pie, comencemos a asignarles sus asientos. ¿De cuántas maneras se puede escoger a la persona que va a ocupar el primer asiento? Como todas las personas están de pie, podemos escoger a cualquiera de las cuatro para ocupar el primer asiento, es decir, el primer asiento se puede ocupar de 4 maneras diferentes. Una vez ocupado el primer asiento, ¿de cuántas maneras se puede ocupar el segundo? Quedan tres personas de pie (una ya se sentó) luego el segundo asiento se puede ocupar de 3 maneras distintas. Siguiendo el mismo razonamiento veamos de cuántas maneras se puede ocupar el tercer asiento. Ya están sentadas dos personas, quedan dos de pie, luego el tercer asiento se puede ocupar de 2 maneras diferentes. Finalmente el cuarto asiento, nada más queda una persona de pie y ese asiento sólo se puede ocupar de 1 manera.

Por el *Principio fundamental del conteo* (ver [Bill12, p. 82]):

> Si un evento M puede ocurrir de m maneras y, después de ocurrido, el evento N puede ocurrir de n maneras, entonces el evento M seguido del evento N puede ocurrir de $m \times n$ maneras.

Así, las maneras diferentes que pueden ocupar 4 personas los 4 asientos es de $4 \times 3 \times 2 \times 1$. Ese número se denota con 4! que se lee "4 factorial".

☺

En general para n asientos y n personas, el número de maneras diferentes en que pueden sentarse es n! que se lee "n factorial",

$$n! = n \times (n-1) \times (n-2) \times \cdots \times 3 \times 2 \times 1.$$

12   La igualdad

¿Cuándo es cierta la igualdad $a - b = b + a$?

SOLUCIÓN. Reacomodando el lado derecho de la igualdad, por medio de la ley conmutativa de la suma, nos piden que digamos bajo qué condición es cierta la igualdad

$$a - b = a + b.$$

¿Bajo qué circunstacia será lo mismo restar el número número b que sumarlo?, pues sólo cuando ese número es el cero, es decir cuando $b = 0$.

☺

También lo podemos ver así, tenemos la igualdad

$$a - b = a + b,$$

sumando $-a$ en ambos lados de la igualdad tenemos

$$a - b + (-a) = a + b + (-a),$$

reordenando los términos usando la propiedad conmtativa

$$a + (-a) - b = a + (-a) + b,$$

como $-a$ es el inverso aditivo de a, $a + (-a) = 0$,

$$0 - b = 0 + b,$$

de donde

$$-b = b.$$

El único caso en que $-b = b$ es cuando $b = 0$.

13 Elije el orden

Ordena de menor a mayor para la siguiente información. Mariana es mayor que Martha y menor que Marisol, Martha nació un año antes que Marcia y Marisol es un mes mayor que Martha.

SOLUCIÓN. Vamos a usar el símbolo "<" para denotar la *precedencia* al ordenar la información, así, "Mariana es mayor que Martha" (que es equivalente a decir que "Martha es menor que Mariana" lo escribiremos

$$\text{Martha} < \text{Mariana},$$

pero Mariana es menor que Marisol, es decir

$$\text{Martha} < \text{Mariana} < \text{Marisol}.$$

Como Martha nació un año antes que Marcia, entonces Marcia es menor que Martha, es decir

$$\text{Marcia} < \text{Martha} < \text{Mariana} < \text{Marisol},$$

que es el orden solicitado.

☺

Noten que la última frase "Marisol es un mes mayor que Martha" no aporta más información a la precedencia.

14 El precio de un pantalón

El precio de un pantalón es de $ 660 una vez que se le ha descontado 20 %. ¿Cuál es el precio original?

SOLUCIÓN. El precio original del pantalón lo denotamos con p.

Recuerden que en [Bill12, p. 490] se define porcentaje como

$$n\% = \frac{n}{100}.$$

Así, el 20 % de p es

$$\frac{20}{100}p = \frac{2}{10}p = 0.2p.$$

El precio con descuento ($ 660) es el precio original menos el descuento, es decir

$$660 = p - 0.2p,$$

factorizando p en el lado derecho,

$$660 = (1 - 0.2)p,$$

$$660 = 0.8p.$$

Al dividir ambos lados entre 0.8 despejamos p,

$$\frac{660}{0.8} = p,$$

obteniendo

$$825 = p.$$

Es decir, el precio original del pantalón es de $ 825.

☺

Revisemos, el 20 % de 825 es $0.2 \times 825 = 165$, el precio menos el descuento es $825 - 165 = 660$. El procedimiento es correcto.

15   En una canasta

En una canasta con 36 bolas de 2 colores, hay 8 bolas negras más que blancas. ¿Cuántas bolas blancas hay en la canasta?

SOLUCIÓN. Hay un total de 36 bolas negras y blancas, llamemos n al número de bolas negras y b al número de bolas blancas. Sabemos entonces que $n + b = 36$.

Nos dicen que hay 8 bolas negras más que blancas, es decir que el número de bolas negras es igual a 8 más el número de bolas blancas, es decir que $n = 8 + b$.

Hemos modelado el problema por medio del sistema de ecuaciones

$$n + b = 36,$$

$$n = 8 + b.$$

Substituyendo el valor de $n = 8 + b$ en la primera ecuación, obtenemos

$$8 + b + b = 36.$$

Efectuamos operaciones del lado izquierdo de la ecuación

$$8 + 2b = 36,$$

sumando -8 en ambos lados y simplificando,

$$2b = 28.$$

Al dividir ambos lados entre 2 obtenemos

$$b = 14.$$

Hay 14 bolas blancas en la canasta.

☺

Revisemos, si hay 14 bolas blancas, como $n + b = 36$, substituyendo el valor hallado de b tenemos $n + 14 = 36$ de donde, restando 14 en ambos lados, $n = 22$. Concluimos que hay 22 bolas negras y 14 blancas. En efecto, hay 8 bolas negras más que blancas pues $14 + 8 = 22$ y la suma de las bolas es $22 + 14 = 36$.

16   Una llave vierte agua

Una llave vierte agua en un contenedor a razón de 4 L/min, mientras que un orificio en el contenedor lo vacía a razón de 1/2 L/min. Si la capacidad del contenedor es de 700 L y empezamos a verter agua cuando el contenedor estaba vacío, ¿en cuántos minutos el contenedor estará lleno?

SOLUCIÓN. Cada minuto se vierten 4 L de agua mientras que por un orificio sale 1/2 L. Eso quiere decir que de manera efectiva, cada minuto aumenta en 3.5 L el contenido de agua (4 litros que entran menos medio litro que sale).

Es decir que el contenedor recibe agua a razón de 3.5 L/min.

La capacidad del contenedor es de 700 L.

Llamemos m al número de minutos que tardará en llenarse el contenedor. Entonces

$$3.5m = 700,$$

despejamos m dividiendo ambos lados entre 3.5,

$$m = \frac{700}{3.5},$$

por lo tanto

$$m = 200.$$

El contenedor estará lleno a los 200 minutos.

☺

17 Considerando que la fórmula

Considerando que la fórmula para calcular la hipotenusa c de un triángulo es $a^2 + b^2 = c^2$, y sabiendo que la hipotenusa es igual a 5 y el lado b
es igual a 3, determina el valor de a.

SOLUCIÓN. La fórmula $a^2 + b^2 = c^2$ es el famoso teorema de PITÁGORAS,
a y b son la longitud de los catetos de un triángulo rectángulo y c es la
longitud de la hipotenusa. Naturalmente si a es la longitud de un cateto,
entonces a^2 será el área de un cuadrado que tiene de lado la longitud de
ese cateto. Así, el teorema de PITÁGORAS dice que la suma de las áreas de
los cuadrados construidos sobre los catetos de un triángulo rectángulo es
igual al área del cuadrado construido sobre la hipotenusa.

En el caso que nos ocupa, simplemente substituimos en la fórmula del
teorema de PITÁGORAS los valores proporcionados. Nos dicen que c = 5 y
que b = 3, nos piden hallar a, tenemos entonces

$$a^2 + 3^2 = 5^2,$$

haciendo las operaciones,

$$a^2 + 9 = 25.$$

Sumamos −9 en ambos lados,

$$a^2 = 16,$$

como a es una longitud, es un número positivo. Elevado al cuadrado da
16, es decir

$$a = 4.$$

☺

En efecto, se cumple la igualdad $4^2 + 3^2 = 16 + 9 = 25 = 5^2$.

Nota que en el enunciado del problema se asume de manera implícita
que el triángulo en cuestión es rectángulo pues la fórmula mencionada
enuncia una relación entre catetos e hipotenusa válida sólo en triángulos
rectángulos.

18   Si hay 6 personas

Si hay 6 personas disponibles, ¿cuántos comités de 3 pueden formarse?

SOLUCIÓN. Para la resolución de este problema conviene realizar un cuidadoso análisis.

Recordemos del Problema 11 de la página 12 que hay $n!$ maneras *diferentes* de acomodar n personas en n lugares.

Razonemos de manera análoga. Queremos formar comités de 3 miembros y disponemos de 6 personas. En el primer lugar podemos colocar una de las seis personas es decir , tenemos 6 maneras de escoger el primer miembro del comité. Escogido el primero disponemos de cinco personas para el segundo, es decir que hay 5 maneras diferentes de escoger el segundo miembro del comité. y de manera análoga concluimos que tenemos 4 maneras diferentes de escoger al tercer miembro. Por el principio fundamental del conteo, hay $6 \times 5 \times 4 = 120$ maneras diferentes de escoger a las personas para el comité. Pero diferentes en orden, no en participantes.

Aclaremos, cuando nos preguntamos el número de maneras que 3 personas p_1, p_2 y p_3 pueden ocupar los 3 primeros lugares en un competencia c_1, c_2 y c_3, no es lo mismo que p_1 ocupe el primer lugar a que lo ocupe p_2. Así, no es lo mismo la asignación de lugares en el orden (p_1, p_2, p_3) que en el orden (p_3, p_2, p_1). Son las mismas personas pero ocupan distintos lugares. El número es $3!$, y en el caso general de n personas ocupando n lugares hay $n!$ maneras diferentes.

Pero en el caso de formar comités, si se requiere un comité de tres miembros y se cuenta con tres personas sólo habrá un comité posible.

Entonces, de las 120 maneras en que se pueden escoger 3 miembros de 6 personas disponibles, hay muchas selecciones que se repiten. Por la manera de escoger a los miembros aparece la selección, digamos (p_3, p_5, p_6) y la (p_5, p_3, p_6). Para eliminar esas repeticiones debemos dividir en número hallado 120, entre el número de veces que cada selección tiene las mismas personas.

Ahora bien, dadas 3 personas, sabemos que pueden ocupar 3 lugares de 3! = 6 maneras distintas, es decir que hay

$$\frac{120}{6} = 20$$

maneras distintas de formar un comité de tres miembros, de entre seis personas disponibles.

☺

En general, la fórmula para saber cuántos comités de r miembros podemos formar con m personas disponibles es

$$C_r^m = \frac{m!}{r!(m-r)!}.$$

19   Media aritmética

¿Cuál es la media aritmética de los números 11, 14, 10, 16, 19?

SOLUCIÓN. La **media aritmética** es lo que comúnmente se conoce como el **promedio** de un conjunto de datos, según pueden ver en [Bill12, p. 631] la media aritmética de los números $x_1, x_2, \ldots, x_n$, que se denota con $\bar{x}$ y se lee "x barra", está dada por

$$\bar{x} = \frac{x_1 + x_2 + x_3 + \cdots + x_n}{n}.$$

En este caso los números son 11, 14, 10, 16, 19, luego la media aritmética es la suma de ellos dividida entre los cinco que son,

$$\bar{x} = \frac{11 + 14 + 10 + 16 + 19}{5}$$
$$= \frac{70}{5}$$
$$= 14.$$

La media aritmética es 14.

☺

20 Laura viajó

Laura viajó durante 2 horas a 70 km/h, y durante 5 horas a 60 km/h. ¿Cuál fue su velocidad promedio durante el periodo de 7 horas?

SOLUCIÓN. Para calcular la velocidad promedio durante el periodo de 7 horas debemos saber a qué velocidad iba Laura durante cada hora, podemos hacer una tabla

Hora	Velocidad
primera	70
segunda	70
tercera	60
cuarta	60
quinta	60
sexta	60
septima	60

El promedio p será la suma de las velocidades entre el número de horas,

$$p = \frac{70 + 70 + 60 + 60 + 60 + 60 + 60}{7}$$
$$= \frac{440}{7}.$$

La expresión que nos da la velocidad promedio a que viajó Laura durante el periodo de 7 horas es

$$p = \frac{440}{7}.$$

☺

21   Los empleados de la tienda

Los empleados de la tienda Ruby's reciben un descuento adicional de 20 % a partir del precio más bajo de un artículo a la venta. En la actualidad Ruby's está aplicando un descuento del 15 % a todos sus artículos a la venta. ¿Cuánto le costará a un empleado de Ruby's una lavadora cuyo precio sin descuento es de $ 15 000?

SOLUCIÓN. Recordemos del Problema 4 de la página 4, que se define porcentaje como

$$n\% = \frac{n}{100}.$$

El precio de la lavadora es de $ 15 000, el 15 % de descuento d es

$$d = 0.15 \times 15\,000$$
$$= 2\,250.$$

El precio de la lavadora aplicando el descuento general es de

$$15\,000 - 2\,250 = 12\,750.$$

Pero el empleado que va a comprar la lavadora recibe un descuento adicional de 20 %, el descuento adicional a del nuevo precio es

$$a = 0.2 \times 12\,750$$
$$= 2\,550.$$

Así, el precio con el descuento adicional es

$$12\,750 - 2\,550 = 10\,200.$$

☺

22   Tres personas

Tres personas terminan un trabajo en 6 horas. Suponiendo que el trabajo es repartido uniformemente, ¿cuántas horas le tomará a cuatro personas terminar el mismo trabajo?

SOLUCIÓN. Veamos primero un problema aparentemente similar: Si tres naranjas cuestan 6 pesos, ¿cuánto costarán cuatro naranjas? Estamos ante una *razón directa*. Si tres naranjas cuestan 6 pesos, una naranja costará $6/3 = 2$ pesos, de donde cuatro naranjas costarán $2 \times 4 = 8$ pesos. A mayor número de naranjas, mayor será el gasto.

En el problema que nos ocupa tenemos otra situación: tres personas tardan 6 horas, ¿cuánto tardan cuatro personas?

Al hablar de tareas realizadas mediante inversión de trabajo, esperamos que al participar más personas *disminuya* el tiempo tardado[1]. Estamos ante una *razón inversa*.

Bien, nos dicen que tres personas terminan un trabajo en 6 horas (repartido uniformemente, es decir, que todos trabajan por igual). Esto significa que una persona tardará el triple de tiempo, es decir 18 horas.

Dos personas tardarán la mitad de ese tiempo, es decir $18/2 = 9$ horas.

Tres personas tardarán la tercera parte de lo que tardaría una, es decir $18/3 = 6$ horas (ese es nuestro dato).

Cuatro personas tardarán la cuarta parte de lo que tardaría una persona, es decir $18/4 = 4.5$ horas.

☺

---

[1]   Dentro de ciertos límites pues si tres personas cavan un pozo en 6 horas, 100 personas no pueden realizar la labor en $1/100$ de tiempo (que serían 3.6 *minutos*) pues se estorbarían entre sí.

23   Un hombre

Un hombre que tiene 9 monedas se ha enterado de que 1 de ellas es falsa y pesa menos. ¿Cómo puede saber qué moneda es falsa, si cuenta para ello con una balanza de brazos iguales y sólo puede utilizarla 2 veces?

SOLUCIÓN. Hay una moneda que pesa menos y una balanza que sólo puede usar 2 veces para determinar cuál es la moneda falsa.

Con las 9 monedas formamos tres grupos A, B y C de *tres monedas* cada uno, en alguno ha de estar.

Tomamos dos grupos cualesquiera y los colocamos en la balanza, digamos A del lado izquierdo y B del lado derecho. Sucede una de dos cosas: o la balanza queda en equilibrio o se inclina hacia un lado.

Si la balanza queda en equilibrio significa que las monedas de los grupos A y B pesan lo mismo y entonces la moneda falsa está en el grupo C.

Si la balanza se inclina puede hacerlo hacia la izquierda o hacia la derecha. Si se inclina hacia izquierda entonces las monedas en A pesan más que las monedas en B y la falsa está en B. Si se inclina hacia la derecha entonces las monedas en B pesan más y la falsa está en A.

Es decir que *al usar la primera vez la balanza identificamos el grupo en el que está la moneda falsa*: si la balanza se equilibra está en C, si se inclina hacia la izquierda está en B y si se inclina hacia la derecha está en A.

Ahora el problema es que dado un grupo de tres monedas donde una pesa menos, identificarla mediante la balanza usándola una vez.

Actuamos de manera similar, sean m_1, m_2 y m_3 las monedas del grupo ubicado como el que contiene a la moneda falsa (pesa menos).

Tomemos dos monedas cualesquiera y coloquemos una en cada platillo de la balanza, digamos que colocamos m_1 del lado izquierdo y m_2 del lado derecho. La balanza queda en equilibrio o se inclina.

Si la balanza queda en equilibrio las monedas m_1 y m_2 pesan igual y la falsa es, necesariamente, m_3.

Si la balanza se inclina hacia la izquierda entonces m_1 pesa más que m_2 y por lo tanto la moneda falsa es m_2.

Si la balanza se inclina hacia la derecha entonces la moneda m_2 pesa más que m_1 y por lo tanto la falsa es m_1.

Es decir, que al dividir las monedas en tres grupos, en la primera comparación de cualesquiera dos grupos identificamos al grupo que contiene la moneda falsa y al comparar dos de las monedas de ese grupo identificamos la moneda falsa.

Resumiendo, primero pesa 3 en cada platillo y deja fuera 3; en la segunda operación elije el conjunto donde está la moneda más liviana, coloca 1 en cada platillo y deja fuera 1.

☺

24 En un mapa

En un mapa a escala 1 : 5 000, una línea mide 3.2 cm. En un mapa a escala de 1 : 2 000, ¿cuántos centímetros mide la línea?

Solución. En el Problema 5 de la página 5 vimos que si la escala es 1 : 300 entonces la longitud de 1 cm en dicho dibujo representa 300 cm ó 3 m en tamaño real. La escala es la razón del tamaño del dibujo al tamaño del objeto.

Aquí nos dicen que la línea mide 3.2 cm en un mapa a escala 1 : 5 000, por lo tanto la longitud real es de

$$3.2 \times 5\,000 \text{ cm} = 16\,000 \text{ cm} = 160 \text{ m}.$$

Esa longitud real de 160 metros se verá en un mapa a escala de 1 : 2 000 como

$$\frac{160 \text{ m}}{2\,000} = \frac{16\,000 \text{ cm}}{2\,000} = 8 \text{ cm}.$$

La línea mide 8 centímetros.

☺

25   Un equipo deportivo

Un equipo deportivo está formado por 11 niños de 5 y 6 años de edad. Si la suma de sus edades es igual a 62, ¿cuántos niños tienen 5 años de edad y cuántos 6, respectivamente?

SOLUCIÓN. Denotemos con n al número de niños que tienen 5 años de edad y con m al número de niños que tienen 6 años de edad.

El equipo deportivo está formado por 11 niños, $n + m = 11$.

La suma de las edades de los niños es igual a 62, $5n + 6m = 62$.

Hemos *modelado* el problema por medio de un sistema de ecuaciones:

$$n + m = 11,$$
$$5n + 6m = 62.$$

Al sumar $-m$ en ambos lados de la primera ecuación, despejamos n,

$$n = 11 - m,$$

substituimos el valor de n en la segunda ecuación del sistema y obtenemos una ecuación donde la incógnita es m,

$$5(11 - m) + 6m = 62.$$

Efectuamos operaciones las del lado izquierdo,

$$55 - 5m + 6m = 62,$$
$$55 + m = 62,$$

sumamos -55 en ambos lados

$$m = 62 - 55,$$
$$m = 7.$$

Es decir, 7 niños tienen 6 años. Como tenemos que

$$n = 11 - m,$$

entonces

$$n = 11 - 7$$

y

$$n = 4.$$

Es decir, 4 niños tienen 5 años.

En el equipo de 11 niños, 4 tienen 5 años y 7 niños tienen 6 años.

☺

Bibliografía

[Bill12] Billstein, R. Shlomo, L., Lott, J. W. *MATEMÁTICAS: Un enfoque de re-solución de problemas para maestros de educación básica*. México. López Mateos Editores, 2012. ISBN 978-6079558321.

[Cen15] *Guía del examen nacional de ingreso al posgrado 2016* (EXANI-III). 13a edición. México. Ceneval, 2015.

[Lom78] López Mateos, M. *Los Conjuntos*. México. Facultad de Ciencias, UNAM, 1978. Disponible en Academia.edu.

[Lom13] López Mateos, M. *La recta real*. México. López Mateos Editores, 2013. ISBN 978-6079558369.

[Lom14] López Mateos, M. *Cálculo diferencial e integral*. Borrador 1. México. Disponible en Academia.edu, 2014.

[Par11] *La Paradoja de Russell*. Wikipedia, 2011.

[Poly45] Pólya, G. *How to Solve It*. Princeton, NJ. Princeton University Press, 1945.

[Poly81] Pólya, G. *Mathematical Discovery, Combined Edition*. New York. John Wiley & Sons, Inc., 1981.

[Poly89] Pólya, G. *Cómo plantear y resolver problemas*. México. Editorial Trillas, 1989. ISBN 978-9682400643.

Índice alfabético